全国重要矿产资源
潜力评价成果应用

资源潜力评价与选区研究
菱　镁　矿

中国地质调查局资源评价部
中国地质科学院矿产资源研究所

中国原子能出版社

图书在版编目（CIP）数据

资源潜力评价与选区研究．菱镁矿／中国地质调查局资源评价部，中国地质科学院矿产资源研究所编．——北京：中国原子能出版社，2015.2

ISBN 978-7-5022-6479-6

Ⅰ．①资…　Ⅱ．①中…　②中…　Ⅲ．①菱镁矿-资源潜力-资源评价　Ⅳ．①P618

中国版本图书馆 CIP 数据核字（2014）第 297163 号

资源潜力评价与选区研究·菱镁矿

出版发行	中国原子能出版社（北京市海淀区阜成路 43 号　100048）
责任编辑	侯茸方
装帧设计	崔　彤
责任校对	冯莲凤
责任印制	潘玉玲
印　　刷	保定市中画美凯印刷有限公司
经　　销	全国新华书店
开　　本	889 mm×1194 mm　1/16
印　　张	3.25　**字　数** 99 千字
版　　次	2015 年 2 月第 1 版　2015 年 2 月第 1 次印刷
书　　号	ISBN 978-7-5022-6479-6　　**定　价** 20.00 元

网址：http://www.aep.com.cn　　　　E-mail：atomep123@126.com

发行电话：010-68452845　　　　　　版权所有　侵权必究

前　　言

　　1999年国土资源大调查以来，矿产资源调查评价工作通过公益先行，全面引领矿产勘查工作，取得重大成果，发现了大批矿产地，新增了大批资源量，评价并初现十大后备资源基地，支撑了国内矿产资源保障程度的明显提高，促进了全国矿产勘查开发新格局的初步构建，我国地质找矿工作步入一个新的发展阶段。

　　2006年，为充分利用地质调查成果和资料，全面总结我国重要矿产资源分布特点和禀赋特征，研究成矿规律，指导矿产资源勘查，贯彻落实《国务院关于加强地质工作的决定》中提出的"积极开展矿产远景调查和综合研究，科学评估区域矿产资源潜力，为科学部署矿产资源勘查提供依据"的要求和精神，国土资源部部署了全国矿产资源潜力评价工作，并把该项工作定位为我国矿产资源方面的一次重要的国情调查，目的是通过系统总结地质调查和矿产勘查工作成果，全面掌握矿产资源现状，科学评价未查明矿产资源潜力，建立真实准确的矿产资源数据。

　　为使矿产资源潜力评价成果资料及时服务找矿突破战略行动，中国地质调查局资源评价部和中国地质科学院矿产资源研究所组织中国地质大学（北京）、有色金属矿产地质调查中心、中国地质大学（武汉）、武警黄金地质研究所、中化地质矿山总局、北京信息科技大学等单位的矿产预测专家，共同完成了25种重要矿产中的23个矿种（未包括煤、铀）单矿种资源潜力分析，形成《资源潜力评价与选区研究系列报告》。第二批报告包括锰、锡、钼、镍、银、铬铁、菱镁、锂、硼、硫、萤石、重晶石等12个矿种。

　　报告编写的总体原则是力求突出和充分应用矿产资源潜力评价精华成果，为勘查选区和规划部署服务。报告对上述12个矿种的资源现状及潜力进行了综合分析，其中已查明资源储量数据截至 2010 年；对潜力评价预测的资源量分全国和省（市、自治区）两个层面进行汇总，同时按预测深度、预测精度及资源在目前技术经济条件下的可利用性等进行统计；最终在最新成矿规律研究成果和矿产预测的资源潜力的基础上进行了选区部署研究，确定了全国和省（市、自治区）两个层面的远景区，并进行了优选。

《资源潜力评价与选区研究系列报告》由王瑞江、薛迎喜、邢树文、肖克炎主编，其中：锰矿由陈建平、向杰、张莹执笔，锡矿由夏庆霖、汪新庆、肖文、刘壮壮、李国庆、王绍君、李童斐执笔，钼矿由唐攀科、王春艳执笔，镍矿由娄德波、范建福执笔，银矿由肖力、牛翠祎、邢俊兵、孙磊、韩先菊执笔，铬铁矿由杨毅恒、邓凡执笔，菱镁矿由丁建华执笔，锂矿由齐帅军执笔，硼矿由王莹、张杨、商朋强执笔，硫矿由李响、张杨执笔，萤石矿由唐尧、王吉平、商朋强执笔，重晶石矿由杨辉艳、张杨执笔；阴江宁负责所有矿种的数据库数据提取，刘亚玲、陈海燕负责基础底图的提取和制作。在报告完成过程中，陈毓川、叶天竺、黄崇轲、王全明、龙宝林、白鸽、袁忠信、赵一鸣、白万成、王炳铨、成秋明、付水兴、夏庆霖、王登红、李厚民、张大权、张生辉、江云华、熊先孝、薛天星、卿敏、陈丛林、蔺志永、董庆吉等专家多次提出宝贵的修改意见。在此向所有为报告编写和出版作出贡献的人表示衷心的感谢！

《资源潜力评价与选区研究系列报告》可为地质矿产调查评价专项工作部署提供依据，可为商业性矿产勘查提供基础资料，也可供大专院校、科研院所以及地质调查和矿产勘查等单位的相关人员参考。

术 语 解 释

1级预测区：又叫最小预测区。指在矿产预测过程中，依据现有资料所圈定的不能再进一步分割的区域，其面积一般小于50平方千米，个别类型（如沉积型矿产）面积可放宽至200平方千米。根据成矿条件有利程度及资源潜力的大小，可分为A类预测区、B类预测区和C类预测区。

2级预测区：是指在预测靶区的基础上，从全省的角度对同一矿种的1级预测区进行归并所形成的区域，其面积约在几百平方千米，一般小于1000平方千米。

3级预测区：是指在省级成矿远景区的基础上，从全国的角度对同一矿种的不同2级预测区进行归并所形成的区域，其面积约几千平方千米，一般小于10000平方千米。

累计查明资源储量：是指在一个矿床（区）或地区内，自开始工作至统计截止日止，上报的资源/储量总和。不扣除矿山的开采量和地下的损失量。

预测资源量334-1：是指具有工业价值的矿产地（或已知矿床）的深部及外围的预测资源量，该资源量预测依据的资料精度须大于1：5万。该具有工业价值的矿产地（或已知矿床）必须是通过勘查工作已经提交了333（含333）以上资源量的矿产地。

预测资源量334-3：最小预测单元内可信度较低的一类预测资源量。工作中符合以下条件的即可划入本类别：① 预测资料精度小于、等于1：20万；② 只有间接找矿标志。

预测资源量334-2：是指介于以上两者之间的为334-2预测资源量。

A类预测区：1级预测区的一类。该区成矿地质条件优越，找矿标志明显，与区域预测模型中的必要及重要二级要素匹配程度较高，分布于已知矿田内或区内分布有已知工业矿床，具有大型以上规模的预测资源量。

B类预测区：1级预测区的一类。该区成矿地质条件比较优越，具有较好的矿化信息，区内分布有已知矿点，或同时具备直接找矿标志和间接找矿标志，与区域预测模型中的必要及重要二级要素基本匹配，具有中型以上规模的预测资源量。

C类预测区：1级预测区的一类。该区具有一定的成矿地质条件，区内无已知矿点分布，与区域预测模型的必要及重要二级要素匹配程度较低，具有小型以上规模的预测资源量。

目　　录

第一章　全国菱镁矿资源潜力评价成果报告

一、概述

中国是世界上菱镁矿资源最丰富的国家之一。截至 2010 年年底，总共查明资源量（矿石量）36.42 亿吨。我国菱镁矿的主要特点是地区分布不广，储量相对集中，大型矿床多。根据全国矿产资源评价成果分析，我国的菱镁矿主要分布在 12 个省（自治区），分别是辽宁、山东、新疆、河北、西藏、四川、甘肃、安徽、青海、黑龙江、内蒙和河南。目前已发现矿产地 60 余处，其中特大型矿床 5 处，大型矿床 6 处，中型矿床 11 处，其余为小型矿床和矿点（矿化点），这些大中型矿床已查明资源储量占了总查明资源储量的 96%。5 个特大型矿床中有 4 个位于辽宁，1 个位于山东。6 个大型矿床中有 4 个位于辽宁，山东、西藏和新疆各有 1 个。

中国菱镁矿的预测类型主要有两种：沉积变质型菱镁矿和与超基性岩有关的侵入岩体型，还有少量发育于第四系中的沉积型矿床，但主要为矿点、矿化点。其中以沉积变质型最为重要，主要分布在辽宁的海城、营口，山东的掖县，新疆的鄯善等地。与超基性岩有关的侵入岩体型矿床则零星分布于西藏、青海和内蒙等地，目前发现的大型矿床仅西藏的巴夏一处。从大地构造位置来看，我国的菱镁矿主要分布在中朝准地台、扬子准地台、祁连褶皱系、冈底斯-念青唐古拉褶皱系、天山褶皱系，其中，中朝准地台胶辽台隆元古代巨厚的镁质碳酸盐岩建造是我国菱镁矿的主要成矿远景区。

我国菱镁矿主要的成矿时代为元古代，有 65% 的矿产地和 92% 的资源量产于元古代地层中。少数矿床形成于新太古代、中古生代的泥盆纪和新生代。

我国菱镁矿矿石质地优良，氧化镁含量一般为 46%~47.26%，在国际市场上具有很强的竞争力。晶质菱镁矿占全国总量的 92%。统计分析表明（中国百科网），矿石中 $MgO>43\%$ 的一、二级品的储量占总储量的 53%，其中一级品（含特级品）矿石储量超过 11.7 亿吨，占总储量的 37.6%；二级品 4.8 亿吨，占 15.4%。我国菱镁矿绝大部分易于开采，可露采储量占全国总储量的 97%。

全国共圈定菱镁矿最小预测区 147 个，其中 A 类预测区 22 个，B 类预测区 30 个，C 类预测区 95 个。

全国菱镁矿的资源总量（矿石量）为 1678024.4 万吨，其中累计查明资源量为 364189.20 万吨（矿产资源储量通报 2010 年数据），预测的未发现资源量为 1313835.2 万吨。本次预测资源量均为 1000 米以浅的预测资源量，其中 500 米以浅预测资源量 855382.6 万吨，500~1000 米之间的预测资源量为 458500 万吨，主要分布在辽宁和新疆。

二、累计查明资源储量分省统计结果

根据全国 2010 年储量通报公布数据，全国共有累计查明资源储量（矿石量，以下均同）364189.20 万吨（图 1-1）。

从图中可以看出，我国查明菱镁矿的资源储量，有 89% 分布在辽宁省境内，其次为山东省，已查明资源储量占全国的 7%，再次为西藏、新疆和河北，查明资源储量分别占 2%、1% 和 1%。其他如河南、甘肃、四川、吉林、黑龙江、安徽、青海、新疆等省只是零星分布，查明资源量的总和不足 1%。说明我国的菱镁矿分布地域性明显。

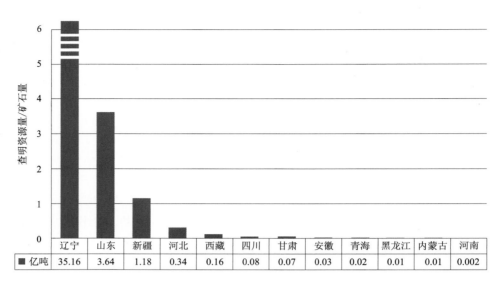

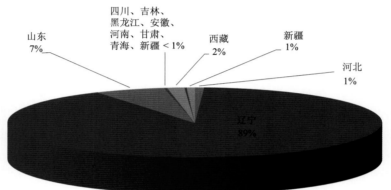

图 1-1　全国菱镁矿累计查明资源储量统计分布图

三、预测资源量分省统计结果

本次预测工作，全国共圈定菱镁矿最小预测区 147 个，共获 2000 米以浅预测资源量（矿石量）1313835.2 万吨，在各省的分布情况如图 1-2。

从图中可见，我国的菱镁矿预测的未发现资源量主要分布于辽宁（112.53 亿吨），占了总预测资源量的 86%。其次为新疆，预测资源量 13.6 亿吨，占了总预测资源量的 10%。山东和河北分列其后，预测资源量分别占 3% 和 1%。其余各省的菱镁矿潜在资源量很少，累计的预测资源量尚不足 1%。

四、不同深度预测资源量结果

预测资源量按照预测深度统计，500 米以浅预测资源量为 855382.6 万吨、1000 米以浅预测资源量为 1313835.2 万吨，1000~2000米之间没有预测资源量（图 1-3）。可以看出，大部分预测的资源量位于 500 米以浅，约占总预测资源量的 65.1%。

五、不同地质可靠程度预测资源量结果

按照预测的地质可靠程度，预测资源量可划分为 334-1、334-2 和 334-3 三个级别，其中，334-1 级

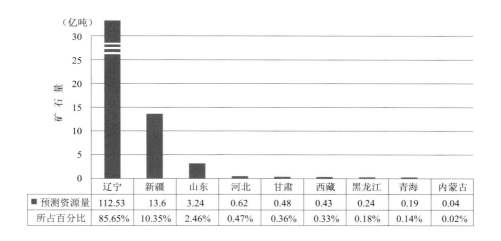

	辽宁	新疆	山东	河北	甘肃	西藏	黑龙江	青海	内蒙古
■ 预测资源量	112.53	13.6	3.24	0.62	0.48	0.43	0.24	0.19	0.04
所占百分比	85.65%	10.35%	2.46%	0.47%	0.36%	0.33%	0.18%	0.14%	0.02%

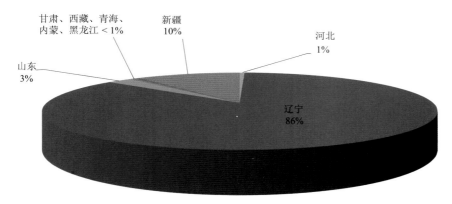

图 1-2 全国菱镁矿预测资源量统计分布图

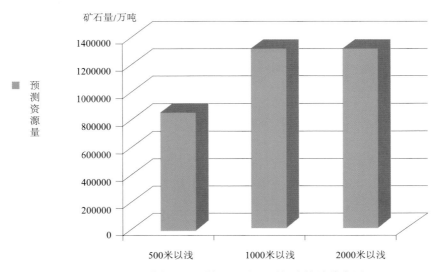

图 1-3 全国菱镁矿预测资源量按预测深度统计分布图

别的预测资源量为 806246 万吨；334-2 级别的预测资源量为 411560.5 万吨；334-3 级别的为 96028.7 万吨，如图 1-4。从图中可以看出，可靠程度较高的 334-1 级别的预测资源量占总预测资源量的 62%，334-3 级别的预测资源量占了 7%。

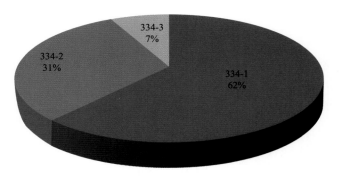

图1-4 全国菱镁矿预测资源量地质可靠程度统计分布图

六、不同利用程度预测资源量结果

预测资源量按目前技术经济条件下可利用程度，分为可利用和暂不可利用两类。其中，可利用资源量为1300664万吨（图1-5），占总预测资源量的91%，也就是说，大部分预测资源量均为可利用资源，只有9%的为暂不可利用资源，分布于新疆、黑龙江、青海等省（区），不可利用的原因一是规模太小，二是赋矿深度较大，导致开采成本过高。

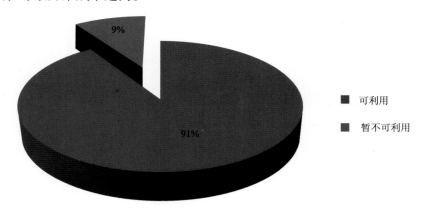

图1-5 菱镁矿预测资源量可利用性分布图

七、重要3级预测区地质评价

全国共圈定了15个菱镁矿的3级预测区，其中预测资源量大于2.5亿吨的有5个，预测资源量在2.5亿~0.5亿吨之间的有3个，其余的为预测资源量小于0.5亿吨的3级预测区。

1. 辽宁大石桥吉洞峪-宽甸 B

预测区大地构造位置位于华北陆块（Ⅱ）、胶辽古陆块（Ⅱ-1）、辽东裂谷次级隆起(Ⅱ-1-3)及太子河次级凹陷（Ⅱ-1-2）两个Ⅳ级构造单元。

区内地层主要有：太古宙变质岩系（鞍山群、太古宙变质深成岩）、古元古代层状变质岩系（辽宁省称辽河群，吉林省称集安群和老岭群）、新元古代陆源碎屑岩—碳酸盐岩建造、古生代陆源碎屑岩—碳酸盐岩建造、中生代火山岩建造—含煤碎屑岩建造。区内大面积分布有前造山基性岩、条痕状花岗岩、同造山二长花岗岩、后造山钾长花岗岩及基性岩。

区内的含矿层位为古元古界辽河群大石桥组，为一套碳酸盐夹泥质、半泥质沉积建造。该区位于英落—草河口—太平哨复向斜北翼西段，西起大石桥市牛心山，经海城市马风、东至辽阳县塔子岭，含菱镁矿矿体的钙镁碳酸盐岩层沿65°方向延伸，断续长达80千米，含矿层平均厚度为2206米，是罕见的菱镁矿矿床集中区。

区内已有矿床25处，其中包括青山怀、小圣水寺、铧子峪等特大型矿床，还有黑沟、祝家村、宋家堡子等大型矿床。区内菱镁矿预测类型为沉积变质型，目前已查明资源量34.8亿吨。区内各菱镁矿矿床的矿层层数不一，为1~6层。其总厚度变化于31~429米。各矿床工程控制矿体长度为1760~5500米。各矿床勘探深度一般到-100米，而矿体厚度没有明显变化，小圣水寺、铧子峪、下房身矿床个别钻孔控制到-280米至-295米，矿体仍然没有尖灭趋势，显示了很大的潜力。

本次预测在本3级预测区内共圈定最小预测区29个，其中A类预测区18个。共获得预测资源量105.8亿吨，均为500米以浅潜在资源量。

2. 新疆鄯善尖山

位于天山兴蒙造山系（Ⅰ级）南天山—红柳河缝合带（Ⅱ级）艾尔宾山古生代残余盆地（Ⅲ级）内。

该区分属天山兴蒙大区的南天山地层分区，出露有古太古界至新生界新近系的地层。其中志留纪—泥盆纪，海侵扩大，海水渐深，在区内形成沉积了一套海相碎屑岩、火山岩夹碳酸盐岩组合，其后的绿片岩相—低角闪岩相区域变质为碳酸盐岩发生交代作用而形成晶质菱镁矿提供了重要的成矿条件。至华力西中期大规模花岗岩活动为区内成矿作用提供了良好热源，使得区内含镁碳酸盐岩再次发生热液交代而最终形成晶质菱镁矿。

区内已有菱镁矿2处：鄯善县尖山菱镁矿（大型）和梧桐沟菱镁矿（小型），区内菱镁矿预测类型为沉积变质型，目前已查明资源量7236万吨。

全国潜力评价在本3级预测区内共圈定最小预测区10个，其中A类预测区1个。共获得预测资源量8.62亿吨，均为1000米以浅潜在资源量。该区工作程度低，进一步加强地质调查投入，潜力会进一步加大。

3. 辽宁大石桥吉洞峪-宽甸A

预测区大地构造位置位于隶属于华北陆块（Ⅱ）胶辽古陆块（Ⅱ-1）内的辽东裂谷次级隆起（Ⅱ-1-3）及太子河次级凹陷（Ⅱ-1-2）两个Ⅳ级构造单元。

区内地层主要有：太古宙变质岩系（鞍山岩群、太古宙变质深成岩）、古元古代层状变质岩系（辽宁省称辽河群，吉林省称集安群和老岭群）、新元古代陆源碎屑岩—碳酸盐岩建造、古生代陆源碎屑岩—碳酸盐岩建造、中生代火山岩建造—含煤碎屑岩建造。区内大面积分布有前造山基性岩、条痕状花岗岩、同造山二长花岗岩、后造山钾长花岗岩及基性岩。

其中古元古界辽河群大石桥组是区内菱镁矿含矿层位，为一套碳酸盐夹泥质、半泥质沉积建造。该区与"辽宁大石桥吉洞峪-宽甸B"3级预测区位于同一菱镁矿成矿带内，该菱镁矿成矿带长达80千米，本3级预测区即位于该带的东北部。

区内含矿层平均厚度为2206米，是罕见的菱镁矿矿床集中区。区内虽然仅有穷棒子沟和柞树岭两个小型矿床，查明资源量也仅有243万吨，但是区内含矿层位稳定，共圈定了7个最小预测区，预测潜在资源量55.7亿吨，均为500米以浅预测资源量，资源量级别为334-2级，均为可利用潜在资源量，显示了很好的资源潜力。

4. 新疆和静县哈勒哈特菱镁矿

该菱镁矿3级预测区位于南天山—红柳河缝合带艾尔宾晚古生代残余盆地，北邻那拉提—乌瓦门蛇绿混杂岩带，南接东阿赖—哈尔克山弧前增生带。成矿区带划分属艾尔宾山（残余海盆）Fe-Mn-Cu-Au -W-Pb-Zn-RM-菱镁矿-石墨-红柱石矿带。该带是新疆重要的成矿带之一，已知矿产主要有铜、金、铁、锰、红柱石、菱镁矿等。

古元古代时期为活动陆缘的岛弧—弧后盆地浅水海相环境，早泥盆纪开始，塔里木微板块北缘处于伸展环境，本区处于裂谷形成的主要阶段，中泥盆世中期该区为陆缘浅水的滨—浅海相沉积盆地环境，形成了巨厚的化学沉积与生物沉积的碳酸盐岩建造。后在潮坪相，特别是潮上带的沉积环境及炎热、干湿交替的气候条件下，沉积于海滨滩的镁方解石经地下水或大气降水的淋滤作用，溶解了镁离子，沿裂隙或溶洞渗透到下部交代早期沉积的碳酸盐岩形成白云岩及少量原生菱镁矿（化）体。中泥盆世晚期，区域变质热流沿构造裂隙对早期白云岩及原生菱镁矿（化）体进一步溶解，带出钙离子，带入镁离子，形成富镁热液，在有利构造部位最终富集沉淀、结晶，形成新的形态各异、规模不等的菱镁矿（化）体，如哈勒哈特菱镁矿、胡尔哈提菱镁矿。

区内含矿地层为中泥盆统萨阿尔明组富镁碳酸盐岩建造，岩石组合为白云岩—生物碎屑灰岩—砾屑灰岩，岩石沉积古地理环境为滨—浅海潮坪相—潮上带；成矿构造主要为NWW-SEE走向断裂构造及其次级构造，胡尔哈特向斜褶皱构造，区域变质作用较弱，属低绿片岩相变质系，矿石类型以晶质菱镁矿为主，预测类型为沉积变质型。

带内已知沉积变质型菱镁矿矿产地2处，其中有中型菱镁矿矿床1处，即哈勒哈特菱镁矿矿床；矿点有胡尔哈提菱镁矿点，已知查明资源储量4536万吨。本次全国潜力评价在本区圈定最小预测区11个，其中A类预测区1个，获得菱镁矿预测资源量4.98亿吨。区内工作程度非常有限，区内已有3个氧化镁地球化学异常，工作程度不高，继续对圈定的异常进行查证，将进一步扩大资源储量，有着较好的前景。

5. 山东莱州粉子山

莱州粉子山3级预测区主要分布在莱州市粉子山地区，其大地构造位置位于华北陆块（Ⅰ）之胶北陆块（Ⅰ-2）的胶北隆起（Ⅰ-2-1），是胶北地区粉子山群地层出露最为齐全的地段。该区出露的粉子山地层总体展布为近东西向，粉子山群的主要岩性为大理岩、黑云变粒岩、透闪岩、石墨透闪岩、浅粒岩、斜长角闪岩、磁铁石英岩、矽线黑云片岩等，岩石变质达高绿片岩相—低角闪岩相，直接覆盖于太古宙岩系之上。粉子山群经历了比较强烈的多期的褶皱变形。成矿地质建造主要为古元古代吕梁期低—中级区域变质岩建造，其中粉子山群张格庄组三段富镁质碳酸盐岩系与成矿有关。区内侵入岩分别为五台期—阜平期、吕梁期和燕山期侵入岩，其中燕山期的岩浆活动与成矿有关，提供了部分热源。吕梁期的沉积作用沉积了原始的菱镁矿层，后经区域变质重结晶形成菱镁矿床。

该区内已有粉子山大型菱镁矿矿床1处，已查明资源量3.64亿吨，本次潜力评价在该区圈定了3个最小预测区，预测资源量3.24亿吨。潜力巨大。

6. 辽宁铁岭凡河

该3级预测区位于辽宁省北部的抚顺、铁岭地区，大地构造位置上隶属于华北陆块（Ⅱ）之胶辽古陆块（Ⅱ-1）铁岭—靖宇次级隆起（Ⅱ-1-1）的凡河凹陷（Ⅱ-1-1-2）。太古宙鞍山群石棚子组、通什村组和太古宙混合岩、混合花岗岩共同组成凡河凹陷的基底，凡河凹陷中晚元古代沉积盆地类型为复合地堑系，其构造环境属地幔活化型克拉通拗拉谷，地层遭受轻微变质，其层序自下而上为中元古界长城系、蓟县系、上元古界青白口系和震旦系殷屯组，总厚度8166.8~8568.9米。

区内上年马式沉积变质型菱镁矿主要产出于长城系关门山组中，岩性主要为灰色中厚-厚层条带状白云岩、硅质条带白云岩，中下部夹菱镁矿层，上部有时含砂或鲕粒，厚度552米左右。

中元古代辽西—凡河盆地属于有障壁的陆表海，关门山组为具有障壁海岸的滨海潮坪相沉积，建造基本类型属碳酸盐建造—藻礁碳酸盐建造。由于当时海水含镁丰富，气温水温较高，凡河海湾西部又有医巫闾障壁岛及南票滩坝为屏障，所以凡河海湾环境更为闭塞，因此中元古代不仅沉积了巨厚的原生白云岩，在海湾南部边缘还形成了菱镁矿扁豆体。

本预测区内已有青石岭中型矿床1处，四冲沟、佟家街、上年马洲小型矿床3处，已查明资源储量0.27亿吨。本次潜力评价在该区共圈定了4个最小预测区，共获得预测资源量1.13亿吨。区内具有较好的菱镁矿成矿条件，MgO地球化学异常明显，资源潜力巨大。

附表 1-1　全国菱镁矿 3 级预测区一览表

序号	3级预测区名称	累计查明资源储量（矿石量，千吨）	预测资源量（矿石量，千吨）			矿产预测类型
			500米以浅	1000米以浅	2000米以浅	
1	吉林大石桥吉洞峪-宽甸 B	3486762.64	6096168.93	10583446.80	10583446.80	沉积变质型
2	新疆鄯善尖山	72360.00	764723.53	861970.88	861970.88	沉积变质型
3	吉林大石桥吉洞峪-宽甸 A	2428.30	556608.09	556608.09	556608.09	沉积变质型
4	新疆和静县哈勒哈特菱镁矿	45360.10	498105.02	498105.02	498105.02	沉积变质型
5	山东莱州粉子山	364181.00	323814.71	323814.71	323814.71	沉积变质型
6	吉林铁岭凡河	27033.20	113319.28	113319.28	113319.28	沉积变质型
7	河北邢台市邢台	33997.14	62207.09	62207.09	62207.09	沉积变质型
8	西藏丁青县巴夏	16611.00	43777.00	43777.00	43777.00	与超基性岩有关的侵入岩体型
9	甘肃肃北县别盖	3160.00	37010.00	37010.00	37010.00	沉积变质型
10	黑龙江嘉荫县萝北	1165.00	23249.04	23249.04	23249.04	沉积变质型
11	青海祁连县鹿场-峨堡	1869.00	15421.40	15421.40	15421.40	与超基性岩有关的侵入岩体型
12	甘肃金塔山县四道红山	3930.00	11290.00	11290.00	11290.00	沉积变质型
13	青海祁连县托莱牧场-野牛沟		4823.70	4823.70	4823.70	与超基性岩有关的侵入岩体型
14	内蒙古乌拉特中旗索伦山	1439.00	3913.77	3913.77	3913.77	与超基性岩有关的侵入岩体型
15	黑龙江汤原县依兰		653.86	653.86	653.86	沉积变质型

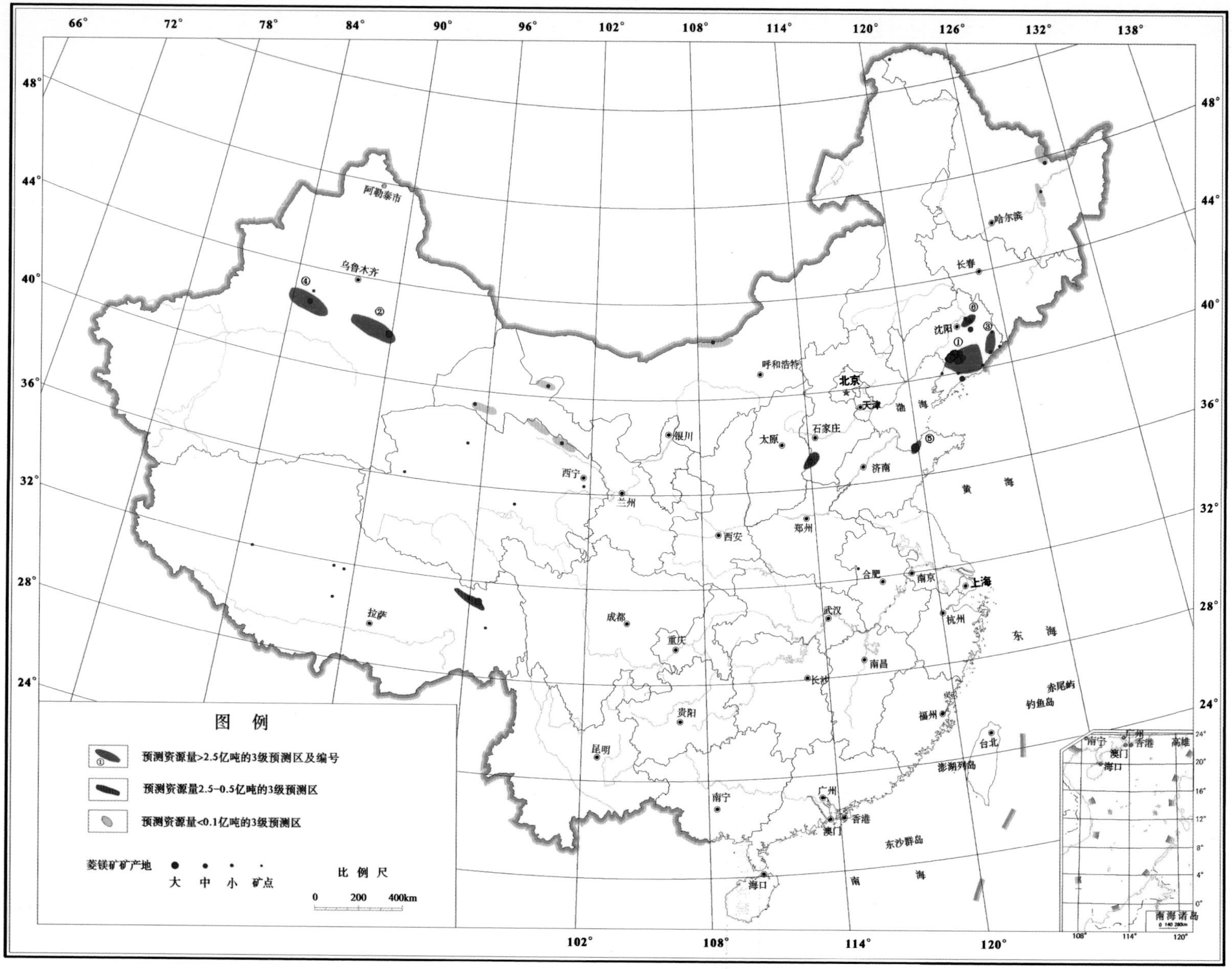

附图 1-1 全国菱镁矿 3 级预测区分布图

第二章　辽宁省菱镁矿资源潜力评价与选区研究

一、概述

辽宁省菱镁矿主要分布于营口大石桥镇—凤城赛马—桓仁拐磨子连线以南，庄河镇—大东沟镇连线以北的广大地区和长大铁路线东侧，开原以南，抚顺市以北地区。类型主要为沉积变质型，目前已发现的菱镁矿矿产地有33处。全省累计查明菱镁矿资源储量为325125.88万吨。本次菱镁矿预测共划分了2个预测工作区，圈定菱镁矿最小预测区41个，预测的菱镁矿资源储量为1125337.4万吨，500米以浅预测资源量676609.6万吨，1000米以浅、2000米以浅预测资源量为1125337.4万吨。按照目前技术经济评价，其中可利用资源量为1125337.4万吨。

二、累计查明资源储量

根据全国储量通报，截止到2010年年底，辽宁省已发现菱镁矿产地33处，全省累计查明菱镁矿资源储量为325125.88万吨。

三、不同预测深度预测资源量

辽宁省500米以浅预测资源量67.66亿吨，1000米以浅预测资源量112.53亿吨，2000米以浅预测资源量为112.53亿吨（图2-1）。

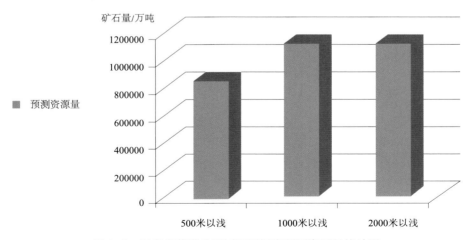

图2-1　辽宁省菱镁矿不同预测深度预测资源量统计图

四、不同地质可靠程度预测资源量

预测资源量中，属334-1级别的预测资源量为75.89亿吨，属334-2级别的预测资源量为36.64亿吨，没有334-3级别的资源量（图2-2）。

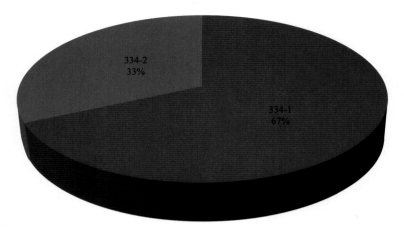

图 2-2　辽宁省不同地质可靠程度预测资源量统计图

五、不同利用程度预测资源量

按照目前技术经济评价，辽宁省菱镁矿 112.53 亿吨预测资源全部为可利用资源。

六、2 级预测区概述

辽宁省共提交 17 个归并的 2 级预测区（见附图 2-1 和附表 2-1），其中预测资源量在 0.5 亿吨以上的 2 级预测区有 13 个，其余 4 个 2 级预测区预测资源量均在 0.1 亿吨到 0.5 亿吨之间。

附表 2-1　辽宁省菱镁矿省级 2 级预测区一览表

序号	省级 2 级预测区名称	A 类最小预测区	累计查明资源储量（矿石量，千吨）	预测资源量（矿石量，千吨）		
				500 米以浅	1000 米以浅	2000 米以浅
1	大石桥市永安镇-海城市牌楼镇-辽阳刚家村	桥台铺；王家堡子-平二房；青山怀；铧子峪-宋家堡子；牌楼镇；西沟；祝家；西崴子；大安口	3363492	4162874	8650152	8650152
2	海城市吊坎沟-岫岩满族自治县偏岭	偏岭	75925.75	600929.5	600929.5	600929.5
3	岫岩满族自治县三家子		27471.72	530749.3	530749.3	530749.3
4	岫岩满族自治县清河口-凤城市青城子		954.46	342209.2	342209.2	342209.2
5	宽甸县永甸镇-好茔地沟	穷棒子沟	2183.78	279906.7	279906.7	279906.7
6	宽甸满族自治县老人沟		0	158122.3	158122.3	158122.3
7	桓仁满族自治县二户来镇柞树岭		244.52	118579.2	118579.2	118579.2
8	铁岭上年马	四冲沟-抚顺县青石岭-佟家街	27033.2	113319.3	113319.3	113319.3
9	刘家堡子-赛马镇干沟		0	86796.91	86796.91	86796.91
10.	凤城市徐家台村-麻地沟-杨家村		532.14	75658.83	75658.83	75658.83

序号	省级 2 级预测区名称	A 类最小预测区	累计查明资源储量 （矿石量，千吨）	预测资源量（矿石量，千吨）		
				500 米以浅	1000 米以浅	2000 米以浅
11	庄河市转湘湖		13933.5	67600.73	67600.73	67600.73
12	杨木沟		119.23	58134.93	58134.93	58134.93
13	丹东市汤池镇		0	52359.71	52359.71	52359.71
14	岫岩县开家沟- 鸡冠山镇大阳沟		4334.05	41402.1	41402.1	41402.1
15	前甸-赵家大沟		0	26095.55	26095.55	26095.55
16	盖州市沙岗		0	25787.97	25787.97	25787.97
17	东港市十字街镇小房身		0	25570.1	25570.1	25570.1

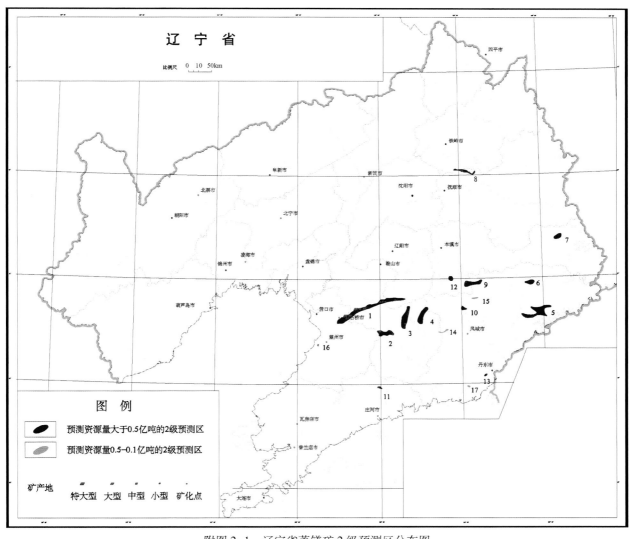

附图 2-1 辽宁省菱镁矿 2 级预测区分布图

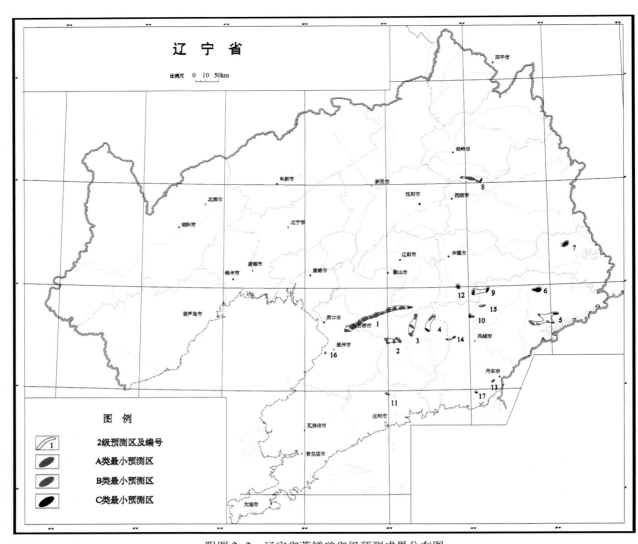

附图 2-2　辽宁省菱镁矿省级预测成果分布图

第三章 黑龙江省菱镁矿资源潜力评价与选区研究

一、概述

黑龙江省的菱镁矿主要分布在东部的萝北县、依兰县一带和北部的漠河县一带。矿产预测类型为沉积变质型。目前已发现的菱镁矿产地有 3 处，其中 1 处小型矿产地，2 处矿化点。全省累计查明菱镁矿资源储量为 116.5 万吨。本次菱镁矿预测共划分了 2 个预测工作区，圈定菱镁矿最小预测区 14 个，预测的菱镁矿资源储量为 2390.3 万吨，预测资源量均在 500 米以浅。按照目前技术经济评价，全部为可利用资源量。

二、累计查明资源储量

全国储量通报中数据显示，截止到 2010 年年底，黑龙江省已发现菱镁矿产地 3 处，全省累计查明菱镁矿资源储量为 116.5 万吨。

三、不同预测深度预测资源量

黑龙江省菱镁矿 0.24 亿吨，均为 500 米以浅预测资源量。

四、不同地质可靠程度预测资源量

预测资源量 0.24 亿吨，均属 334-3 级别的资源量。

五、不同利用程度预测资源量

按照目前技术经济评价，黑龙江省菱镁矿 0.24 亿吨预测资源均为可利用资源。

六、2 级预测区概述

本次菱镁矿预测黑龙江省共圈定了 6 个 2 级预测区，其中预测资源量大于 0.1 亿吨的 2 级预测区有 1 个，预测区名称是嘉荫河菱镁矿 2 级归并预测区，预测资源量 500 米、1000 米、2000 米以浅均为 0.13 亿吨。其余 5 个 2 级预测区预测资源量均在 0.1 亿吨以下。

附表 3-1 黑龙江省菱镁矿省级 2 级预测区一览表

序号	省级 2 级预测区名称	A 类最小预测区	累计查明资源储量（矿石量，千吨）	预测资源量（矿石量，千吨）		
				500 米以浅	1000 米以浅	2000 米以浅
1	嘉荫河菱镁矿Ⅱ级归并预测区		0	13196.92	13196.92	13196.92
2	联营林场菱镁矿Ⅱ级归并预测区		0	6005.434	6005.434	6005.434
3	环山菱镁矿Ⅱ级归并预测区	沙田山西南最小预测区	1165.41	2684.479	2684.479	2684.479
4	太平沟菱镁矿Ⅱ级归并预测区		0	1362.203	1362.203	1362.203
5	依兰菱镁矿Ⅱ级归并预测区		0	648.2205	648.2205	648.2205
6	汤原菱镁矿Ⅱ级归并预测区		0	5.6367	5.6367	5.6367

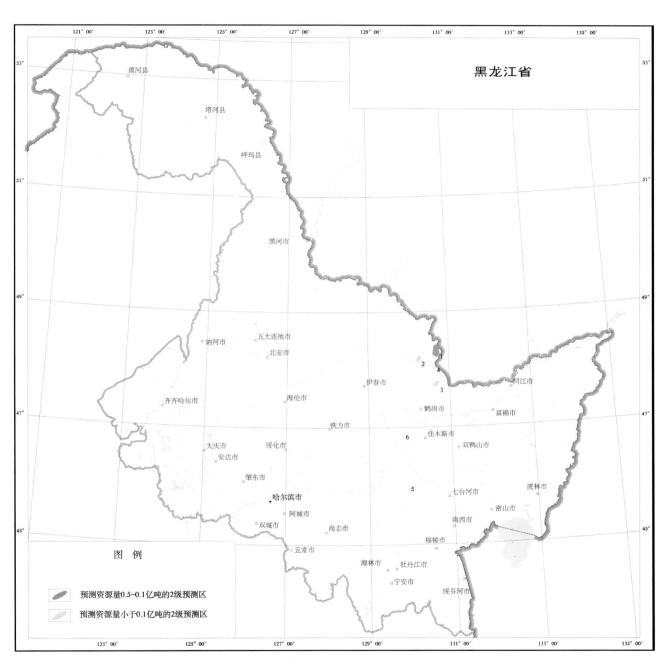

附图 3-1　黑龙江省菱镁矿 2 级预测区分布图

图 例

a 2级预测区及编号

A类最小预测区   C类最小预测区

附图 3-2　黑龙江省菱镁矿省级预测成果分布图

第四章　河北省菱镁矿资源潜力评价与选区研究

一、概述

河北省菱镁矿资源缺少，质量也不高，分布于河北省邢台县枣园乡大河—前补透一带，预测类型为沉积变质型。目前已发现矿产地两处，中、小型各一处。全省累计查明菱镁矿资源储量为3071.96万吨。本次菱镁矿预测共划分了1个预测工作区，圈定菱镁矿最小预测区6个，预测的菱镁矿资源储量为6220.7万吨，预测资源量均在500米以浅。按照目前技术经济评价，全部为可利用资源量。

二、累计查明资源储量

根据全国储量通报数据，截止到2010年年底，河北省已发现菱镁矿产地2处，全省累计查明菱镁矿资源储量为0.31亿吨。

三、不同预测深度预测资源量

河北省菱镁矿预测资源量0.62亿吨均为500米以浅预测资源量。

四、不同地质可靠程度预测资源量

预测资源量中，属334-1级别的预测资源量为0.35亿吨，属334-2级别的预测资源量为0.19亿吨，属334-3级别的预测资源量为0.09亿吨（图4-1）。

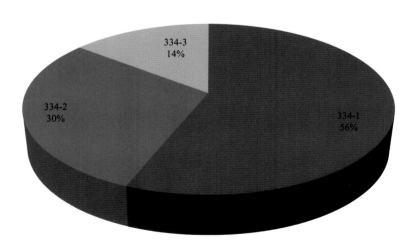

图4-1　河北省菱镁矿不同地质可靠程度预测资源量统计图

五、不同利用程度预测资源量

按照目前技术经济评价，河北省菱镁矿 0.62 亿吨预测资源全部为可利用资源。

六、2 级预测区概述

本次菱镁矿预测河北省共圈定了 3 个 2 级预测区，其中预测资源量大于 0.1 亿吨的 2 级预测区有 2 个，预测区名称分别是大河—河下合并区和白虎庄—将军墓合并区，另外 1 个 2 级预测区预测资源量小于 0.1 亿吨。

附表 4-1　河北省菱镁矿省级 2 级预测区一览表

序号	省级 2 级预测区名称	A 类最小预测区	累计查明资源储量（矿石量，千吨）	预测资源量（矿石量，千吨）		
				500 米以浅	1000 米以浅	2000 米以浅
1	大河-河下合并区	大河预测区	33997.14	35829.34	35829.34	35829.34
2	白虎庄-将军墓合并区		0	18589.89	18589.89	18589.89
3	黄岔-宁家庄合并区		0	7787.856	7787.856	7787.856

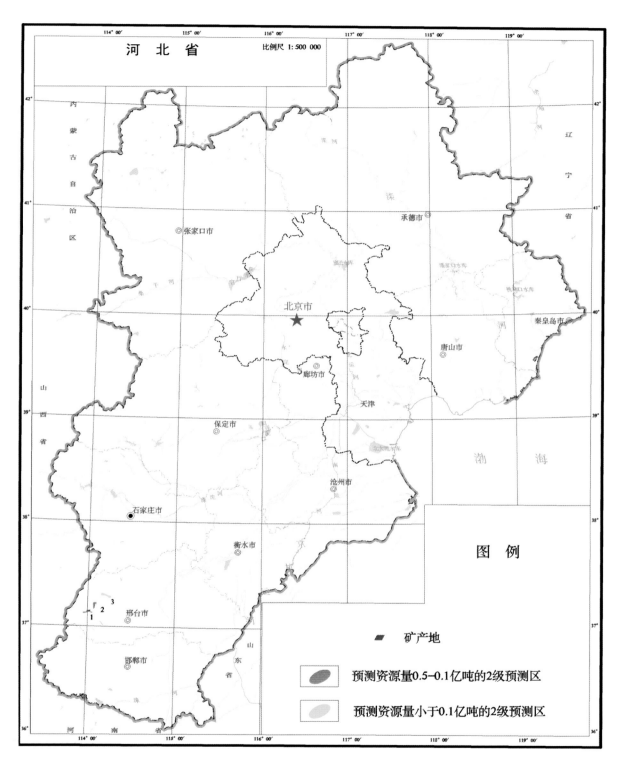

附图 4-1 河北省菱镁矿 2 级预测区分布图

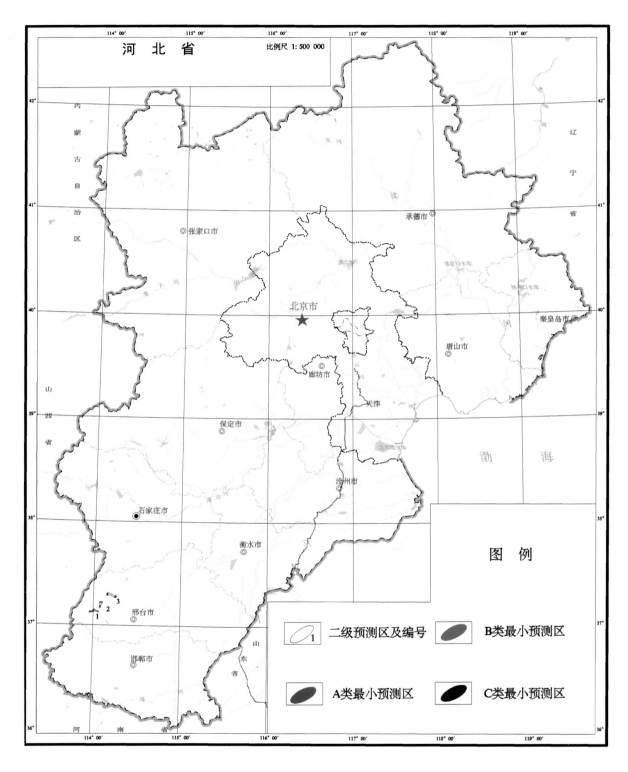

附图 4-2　河北省菱镁矿省级预测成果分布图

第五章　内蒙古自治区菱镁矿资源
潜力评价与选区研究

一、概述

内蒙古自治区菱镁矿主要分布在索伦山和贺根山地区，预测类型为侵入岩体型。目前仅发现一处小型矿产地。全区累计查明菱镁矿资源储量为 143.9 万吨。本次菱镁矿预测共划分了 1 个预测工作区，圈定菱镁矿最小预测区 7 个，预测的菱镁矿资源储量为 391.4 万吨，预测资源量均在 500 米以浅。按照目前技术经济评价，全部为可利用资源量。

二、累计查明资源储量

根据潜力评价数据，内蒙古已发现菱镁矿产地 1 处，全区累计查明菱镁矿资源储量为 143.9 万吨。

三、不同预测深度预测资源量

内蒙古自治区菱镁矿预测资源量 391.4 万吨，均为 500 米以浅的预测资源量。

四、不同地质可靠程度预测资源量

预测资源量中，属 334-1 级别的预测资源量为 257.3 万吨，属 334-2 级别的预测资源量为 0 吨，属 334-3 级别的预测资源量为 134.1 万吨（图 5-1）。

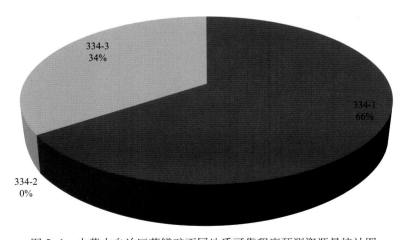

图 5-1　内蒙古自治区菱镁矿不同地质可靠程度预测资源量统计图

五、不同利用程度预测资源量

按照目前技术经济评价，内蒙古自治区菱镁矿 391.4 万吨预测资源全部为可利用资源。

六、2 级预测区概述

本次菱镁矿预测内蒙古自治区共圈定了 3 个 2 级预测区，预测资源量均在 0.1 亿吨以下，属于小型预测区。

附表 5-1　内蒙古自治区菱镁矿省级 2 级预测区一览表

序号	省级 2 级预测区名称	A 类最小预测区	累计查明资源储量（矿石量，千吨）	预测资源量（矿石量，千吨）		
				500 米以浅	1000 米以浅	2000 米以浅
1	察汗奴鲁	察汗奴鲁	1439	3460.65	3460.65	3460.65
2	乌珠尔舒布特		0	396.42	396.42	396.42
3	索伦敖包西北		0	56.7	56.7	56.7

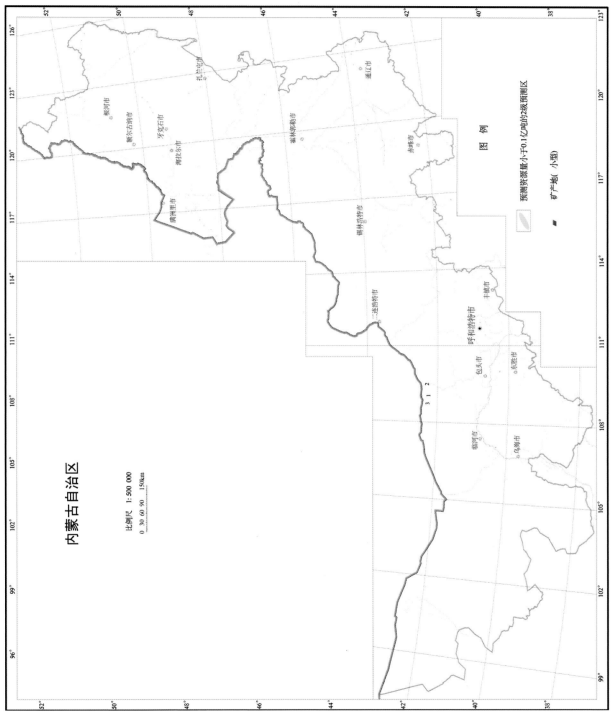

附图 5-1 内蒙古自治区菱镁矿 2 级预测区分布图

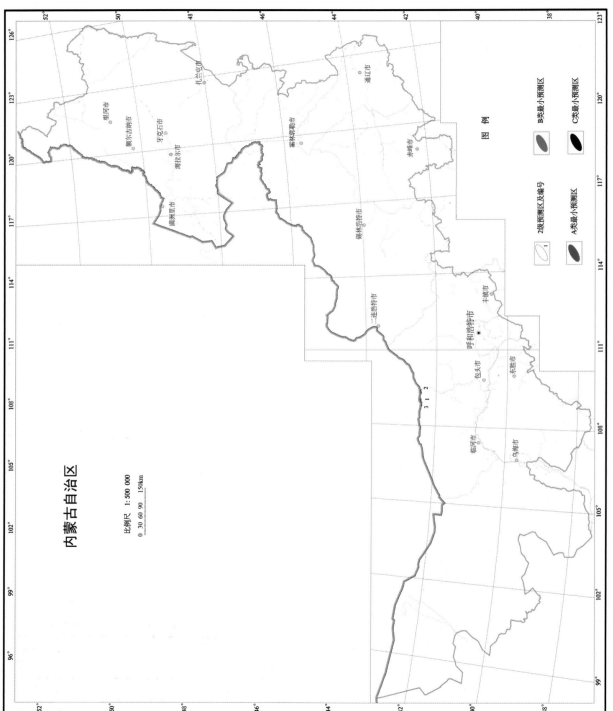

内蒙古自治区

比例尺 1:500 000
0 30 60 90 150km

图 例

2级预测区及编号

A类最小预测区

B类最小预测区

C类最小预测区

附图 5-2 内蒙古自治区菱镁矿省级预测成果分布图

第六章　山东省菱镁矿资源潜力评价与选区研究

一、概述

山东省菱镁矿主要分布在鲁东胶西北地区的莱州市，预测类型为沉积变质型。目前已发现矿产地4处，大、中型各2处。全省累计查明菱镁矿资源储量为24778.68万吨。本次菱镁矿预测共划分了1个预测工作区，圈定菱镁矿最小预测区3个，预测的菱镁矿资源储量为32381.5万吨，预测资源量均在500米以浅。按照目前技术经济评价，全部为可利用资源量。

二、累计查明资源储量

储量通报中数据显示，截止到2010年年底，山东省已发现菱镁矿产地4处，全省累计查明菱镁矿资源储量为2.48亿吨。

三、不同预测深度预测资源量

山东省菱镁矿3.24亿吨预测资源量均为500米以浅预测资源量。

四、不同地质可靠程度预测资源量

山东省菱镁矿3.24亿吨预测资源量均属于334-1级别的预测资源量，地质可靠程度较高。

五、不同利用程度预测资源量

按照目前技术经济评价，山东省菱镁矿3.24亿吨预测资源全部为可利用资源。

六、2级预测区概述

本次菱镁矿预测山东省共圈定了1个2级预测区，预测资源量均在500米以浅。

附表6-1　山东省菱镁矿省级2级预测区一览表

序号	省级2级预测区名称	A类最小预测区	累计查明资源储量（矿石量，千吨）	预测资源量（矿石量，千吨）		
				500米以浅	1000米以浅	2000米以浅
1	粉子山预测区	朱流；粉子山	364181	323814.7	323814.7	323814.7

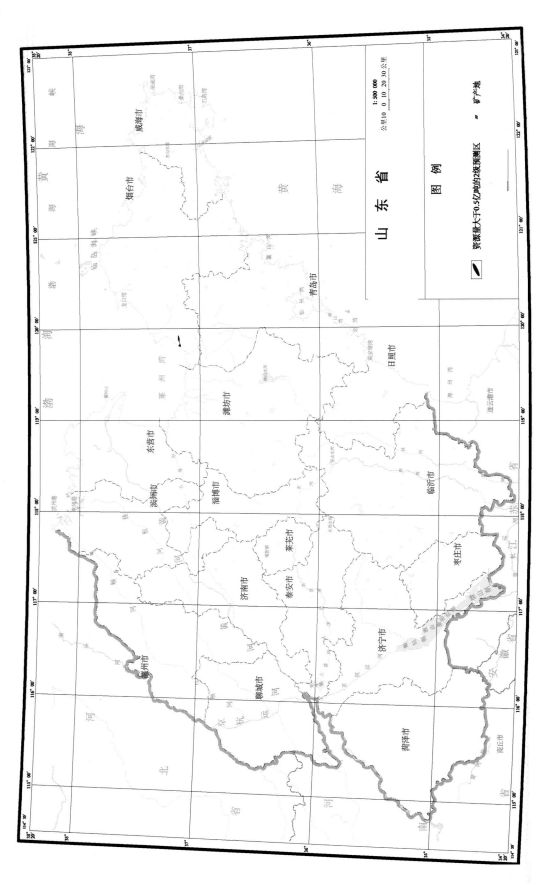

附图 6-1 山东省菱镁矿 2 级预测区分布图

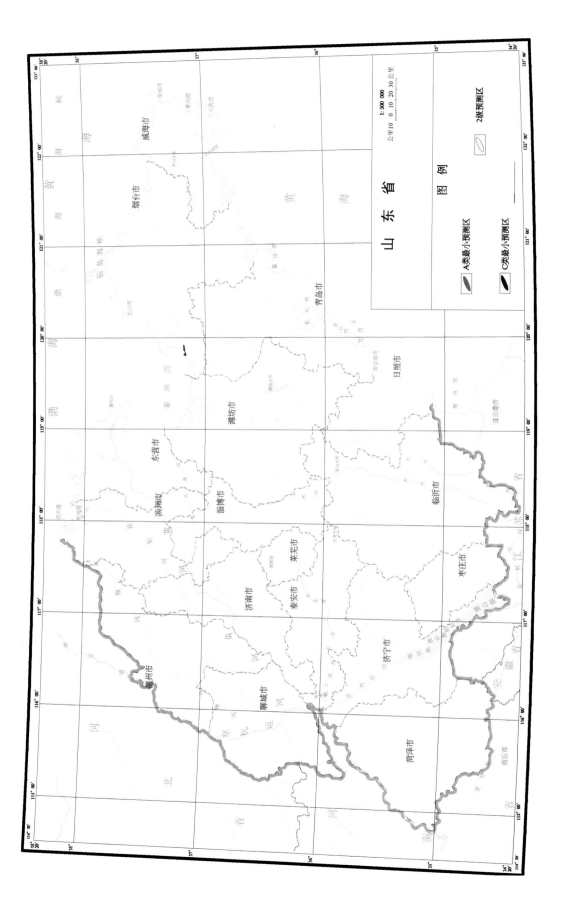

附图 6-2 山东省菱镁矿"省级预测"成果分布图

第七章 甘肃省菱镁矿资源潜力评价与选区研究

一、概述

甘肃省菱镁矿主要分布在河西地区的别盖、四道红山等地，预测类型为沉积变质型。目前已发现矿产地2处。全省累计查明菱镁矿资源储量为466.51万吨。本次菱镁矿预测共划分了2个预测工作区，圈定菱镁矿最小预测区25个，预测的菱镁矿资源储量为4830万吨，预测资源量均在500米以浅。按照目前技术经济评价，全部为可利用资源量。

二、累计查明资源储量

根据全国2010年储量通报中数据，甘肃省已发现菱镁矿产地2处，全省累计查明菱镁矿资源储量为466.51万吨。

三、不同预测深度预测资源量

甘肃省菱镁矿0.48亿吨预测资源量均是500米以浅预测资源量。

四、不同地质可靠程度预测资源量

预测资源量中，属334-1级别的预测资源量为0.32亿吨，属334-2级别的预测资源量为0吨，属334-3级别的预测资源量为0.16亿吨（图7-1）。

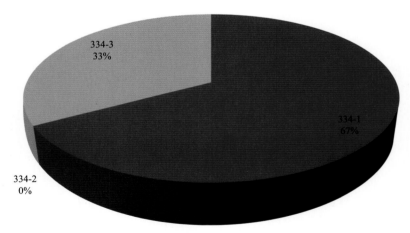

图7-1 甘肃省菱镁矿不同地质可靠程度预测资源量统计图

五、不同利用程度预测资源量

按照目前技术经济评价，甘肃省菱镁矿 0.48 亿吨预测资源全部为可利用资源。

六、2 级预测区概述

本次菱镁矿预测甘肃省共圈定了 5 个 2 级预测区，其中有一个 2 级预测区预测资源量在 0.1 亿吨以上，预测区名称为伊克乌拉归并预测区，预测资源量为 3019 万吨，其余 4 个 2 级预测区预测资源量均在 0.1 亿吨以下。

附表 7-1　甘肃省菱镁矿省级 2 级预测区一览表

序号	省级 2 级预测区名称	A 类最小预测区	累计查明资源储量（矿石量，千吨）	预测资源量（矿石量，千吨）		
				500 米以浅	1000 米以浅	2000 米以浅
1	伊克乌拉	别盖	3160	30190	30190	30190
2	黑山	四道红山	3930	6970	6970	6970
3	野马南山		0	6820	6820	6820
4	大红山		0	2380	2380	2380
5	底红山		0	1940	1940	1940

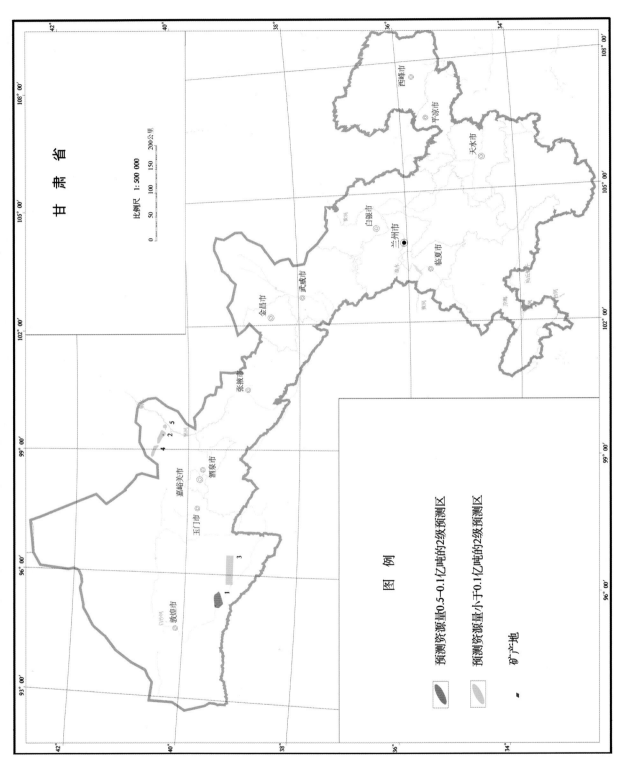

附图 7-1 甘肃省菱镁矿 2 级预测区分布图

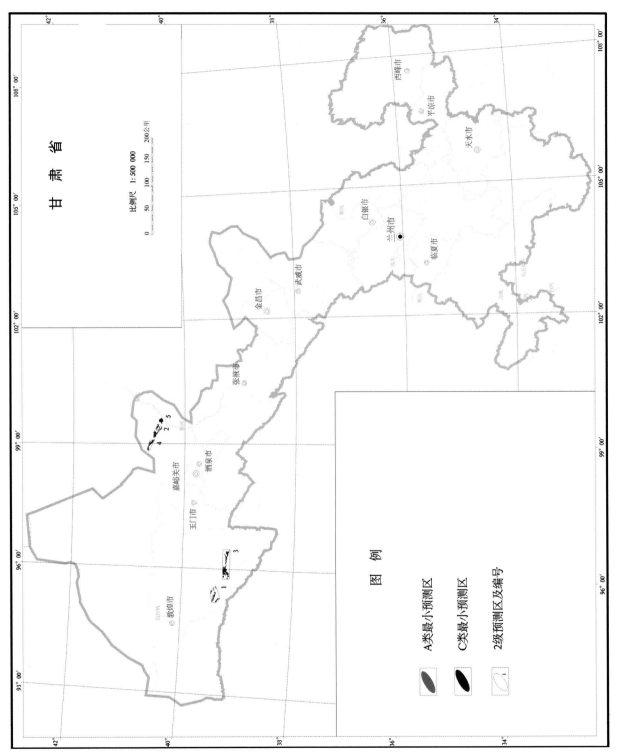

附图 7-2 甘肃省菱镁矿"省级预测成果分布图

第八章 青海省菱镁矿资源潜力评价与选区研究

一、概述

青海省菱镁矿分布于青海省东北部地区，预测类型主要为超基性岩有关的侵入岩体型。目前已发现矿产地 5 处，其中小型矿床 1 处，矿（化）点 4 处。全省累计查明菱镁矿资源储量为 186.9 万吨。本次菱镁矿预测共划分了 2 个预测工作区，圈定菱镁矿最小预测区 12 个，预测的菱镁矿资源储量为 1898.6 万吨，预测资源量均在 500 米以浅。按照目前技术经济评价，青海省菱镁矿预测可利用资源量为 842.46 万吨。

二、累计查明资源储量

全国储量通报数据显示，截止到 2010 年年底，青海省已发现菱镁矿产地 5 处，全省累计查明菱镁矿资源储量为 186.9 万吨。

三、不同预测深度预测资源量

青海省菱镁矿预测资源量均为 500 米以浅预测资源量，共 0.19 亿吨。

四、不同地质可靠程度预测资源量

预测资源量中，属 334-1 级别的预测资源量为 0.08 亿吨，无 334-2 级别的预测资源量，属 334-3 级别的预测资源量为 0.11 亿吨（图 8-1）。

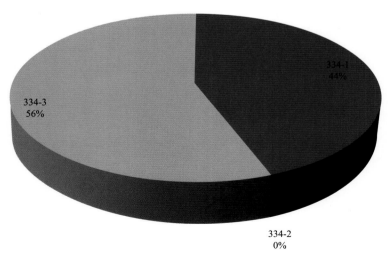

图 8-1　青海省菱镁矿不同地质可靠程度预测资源量统计图

五、不同利用程度预测资源量

按照目前技术经济评价，青海省菱镁矿预测可利用资源量为 0.08 亿吨，与 334-1 级别的预测资源量对应；暂不可利用资源量为 0.11 亿吨，对应 334-3 级别的预测资源量（图 8-2）。

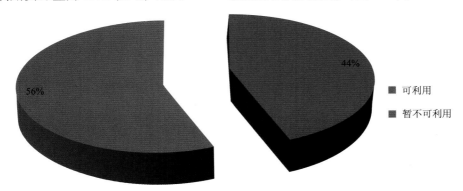

图 8-2　青海省菱镁矿不同利用程度预测资源量统计图

六、2 级预测区概述

本次菱镁矿预测青海省共圈定了 4 个 2 级预测区，其中有 1 个 2 级预测区预测资源量在 0.1 亿吨以上，预测区名称为草大坂归并预测区，预测资源量为 0.11 亿吨。其余 4 个 2 级预测区预测资源量均在 0.1 亿吨以下。

附表 8-1　青海省菱镁矿省级 2 级预测区一览表

序号	省级 2 级预测区名称	A 类最小预测区	累计查明资源储量（矿石量，千吨）	预测资源量（矿石量，千吨）		
				500 米以浅	1000 米以浅	2000 米以浅
1	草大坂		186.9	1085.63	1085.63	1085.63
2	小八宝		0	330.6	330.6	330.6
3	拢孔		0	279.91	279.91	279.91
4	川刺沟		0	202.46	202.46	202.46

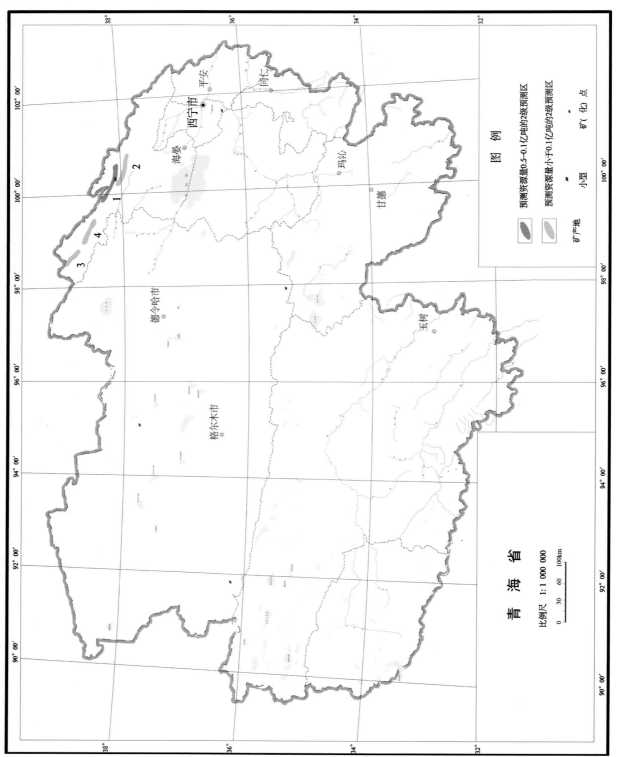

附图 8-1 青海省菱镁矿 2 级预测区分布图

图 例

预测资源量0.5-0.1亿吨的2级预测区

预测资源量小于0.1亿吨的2级预测区

矿产地   小型   矿化点

青 海 省

比例尺 1:1 000 000

0 30 60 100km

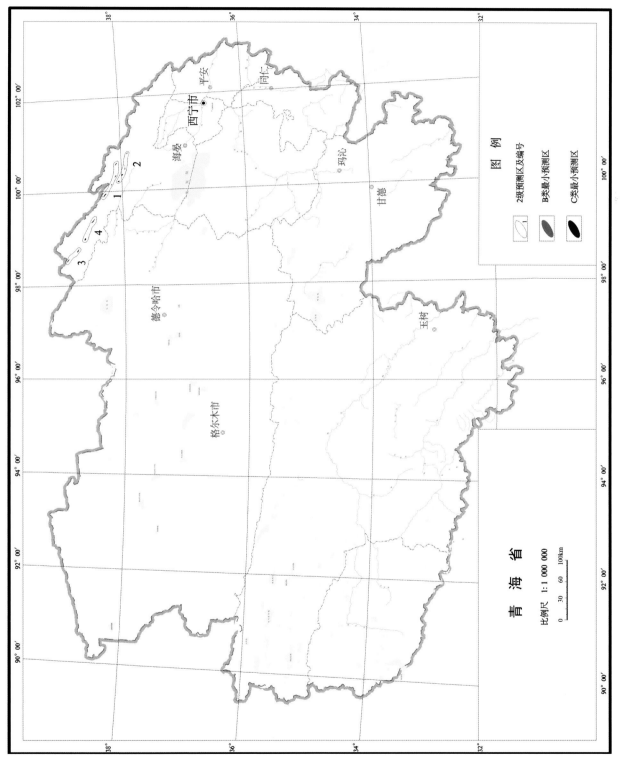

附图 8-2 青海省菱镁矿“省级预测成果分布图

第九章　新疆维吾尔自治区菱镁矿资源潜力评价与选区研究

一、概述

新疆维吾尔自治区菱镁矿分布于南天山和静县—鄯善县地区，预测类型为沉积变质型。目前已发现矿产地 4 处，其中大、中、小型矿床和矿（化）点各一处。全区累计查明菱镁矿资源储量为 3110 万吨。本次菱镁矿预测共划分了 2 个预测工作区，圈定菱镁矿最小预测区 21 个，预测 500 米以浅菱镁矿资源量为 126282.9 万吨，1000 米以浅和 2000 米以浅菱镁矿资源量为 136007.6 万吨。按照目前技术经济评价，新疆维吾尔自治区菱镁矿预测可利用资源量为 126282.9 万吨。

二、累计查明资源储量

截止到 2010 年年底，新疆已发现菱镁矿产地 4 处，全区累计查明菱镁矿资源储量为 3110 万吨。

三、不同预测深度预测资源量

500 米以浅预测资源量为 12.63 亿吨，1000 米以浅预测资源量为 13.60 亿吨，1000 米到 2000 米之间无预测资源量（图 9-1）。

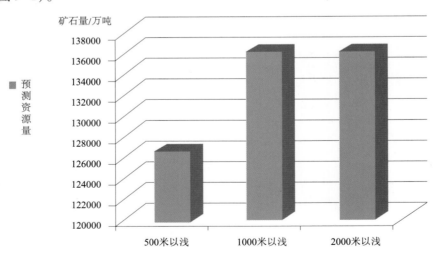

图 9-1　新疆维吾尔自治区菱镁矿不同预测深度预测资源量统计图

四、不同地质可靠程度预测资源量

预测资源量中，属 334-1 级别的预测资源量为 0.66 亿吨，属 334-2 级别的预测资源量为 4.05 亿吨，属 334-3 级别的预测资源量为 8.90 亿吨（图 9-2）。

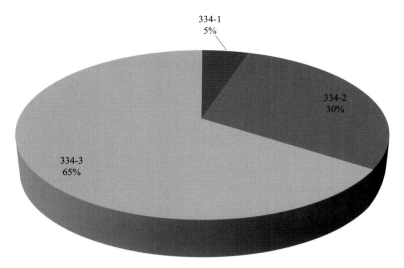

图 9-2　新疆维吾尔自治区菱镁矿不同地质可靠程度预测资源量统计图

五、不同利用程度预测资源量

按照目前技术经济评价，新疆菱镁矿预测可利用资源量为 12.63 亿吨，暂不可利用资源量为 0.97 亿吨（图 9-3）。

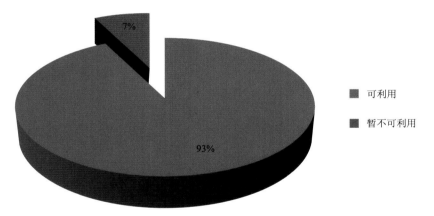

图 9-3　新疆维吾尔自治区菱镁矿不同利用程度预测资源量统计图

六、2 级预测区概述

本次菱镁矿预测新疆共圈定了 10 个 2 级预测区，其中预测资源量大于 0.5 亿吨的 2 级预测区有 7 个，其余 3 个 2 级预测区预测资源量介于 0.5 亿吨~0.1 亿吨之间。

附表 9-1 新疆维吾尔自治区菱镁矿 2 级预测区一览表

序号	省级 2 级预测区名称	A 类最小预测区	累计查明资源储量（矿石量，千吨）	预测资源量（矿石量，千吨）		
				500 米以浅	1000 米以浅	2000 米以浅
1	卡拉乔		5000	400312.1	467323.4	467323.4
2	和静县哈拉哈特	哈勒哈特	45360.1	254220.2	254220.2	254220.2
3	乌勇布拉克北		0	179791.1	182261.8	182261.8
4	尖山	尖山	67360	150383.5	178148.9	178148.9
5	和静县乌拉斯台河西		0	105862.4	105862.4	105862.4
6	和静县乌兰格林达坂		0	68669.05	68669.05	68669.05
7	和静县哈勒哈特达坂		0	53741.09	53741.09	53741.09
8	哈拉克孜勒东		0	21574.86	21574.86	21574.86
9	和静县开都河东		0	15612.29	15612.29	15612.29
10	榆树沟		0	12661.95	12661.95	12661.95

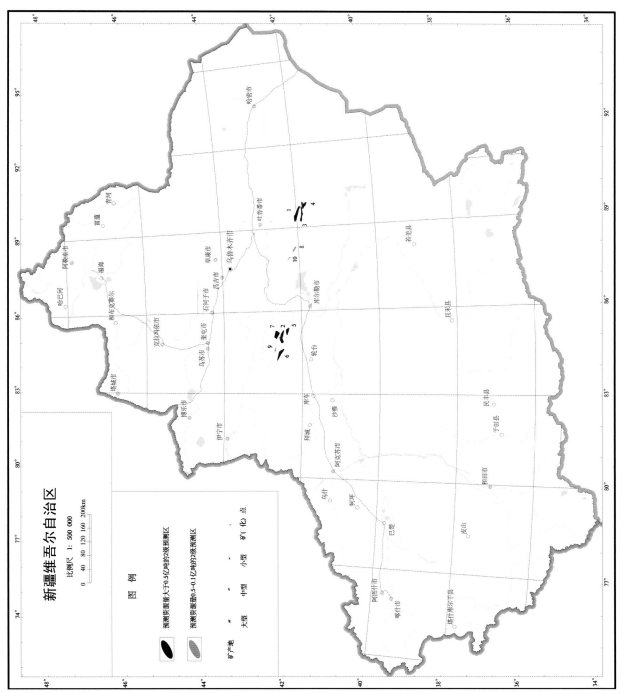

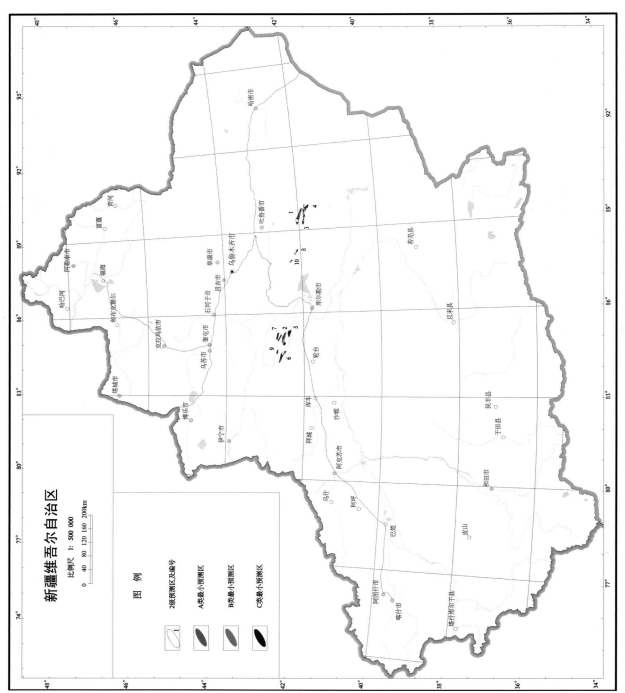

附图 9-2 新疆维吾尔自治区菱镁矿 省级预测成果分布图

新疆维吾尔自治区

比例尺 1: 500 000

0 40 80 120 160 200km

图 例

1 2级预测区及编号

A类菱小预测区

B类菱小预测区

C类菱小预测区

第十章　西藏自治区菱镁矿资源潜力评价与选区研究

一、概述

西藏自治区菱镁矿位于西藏东部地区，主要沿雅鲁藏布江结合带、班公湖—怒江结合带分布，西藏菱镁矿的成因类型包括风化壳型和沉积型两种，本次预测只涉及风化壳型，预测类型为与超基性岩有关的侵入岩体型。目前已发现矿产地7处，其中大型矿床1个，矿（化）点6个。全区累计查明菱镁矿资源储量为6202.38万吨。本次菱镁矿预测共划分了1个预测工作区，圈定菱镁矿最小预测区18个，预测的菱镁矿资源储量为4377.7万吨，预测资源量均在500米以浅。按照目前技术经济评价，全部为可利用资源量。

二、累计查明资源储量

根据全国储量通报中数据，截止到2010年年底，西藏已发现菱镁矿产地7处，全区累计查明菱镁矿资源储量为0.62亿吨。

三、不同预测深度预测资源量

西藏菱镁矿预测资源量均为500米以浅预测资源量，共0.44亿吨。

四、不同地质可靠程度预测资源量

预测资源量中，属334-1级别的预测资源量为0.06亿吨，属334-2级别的预测资源量为0.28亿吨，属334-3级别的预测资源量为0.1亿吨（图10-1）。

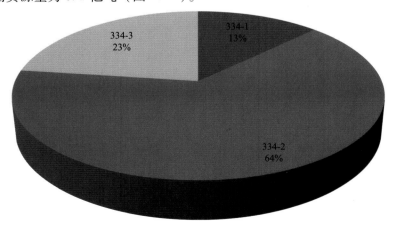

图10-1　西藏菱镁矿不同地质可靠程度预测资源量统计图

五、不同利用程度预测资源量

按照目前技术经济评价，西藏菱镁矿0.44亿吨预测资源全部为可利用资源。

六、2级预测区概述

本次菱镁矿预测西藏共圈定了6个2级预测区，其中预测资源量大于0.1亿吨的2级预测区有1个，预测区名称为集森果归并预测区，预测资源量为0.12亿吨。其余5个2级预测区预测资源量均小于0.1亿吨。

附表10-1　西藏自治区菱镁矿省级2级预测区一览表

序号	省级2级预测区名称	A类最小预测区	累计查明资源储量（矿石量，千吨）	预测资源量（矿石量，千吨）		
				500米以浅	1000米以浅	2000米以浅
1	集森果		0	12344	12344	12344
2	巴夏	巴夏	16611	9257	9257	9257
3	娃啊拉		0	7584	7584	7584
4	纳宗达		0	6076	6076	6076
5	瓦合东		0	5194	5194	5194
6	打曲		0	3322	3322	3322

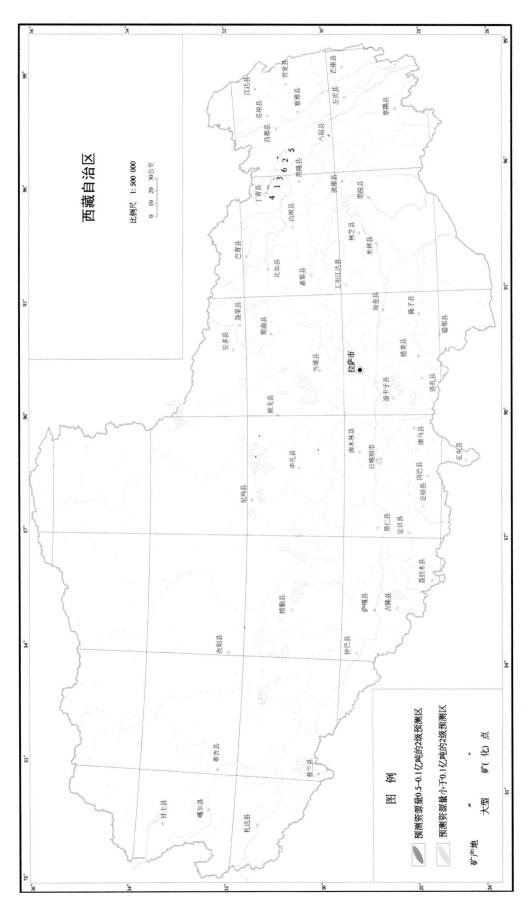

附图 10-1　西藏自治区菱镁矿 2 级预测区分布图

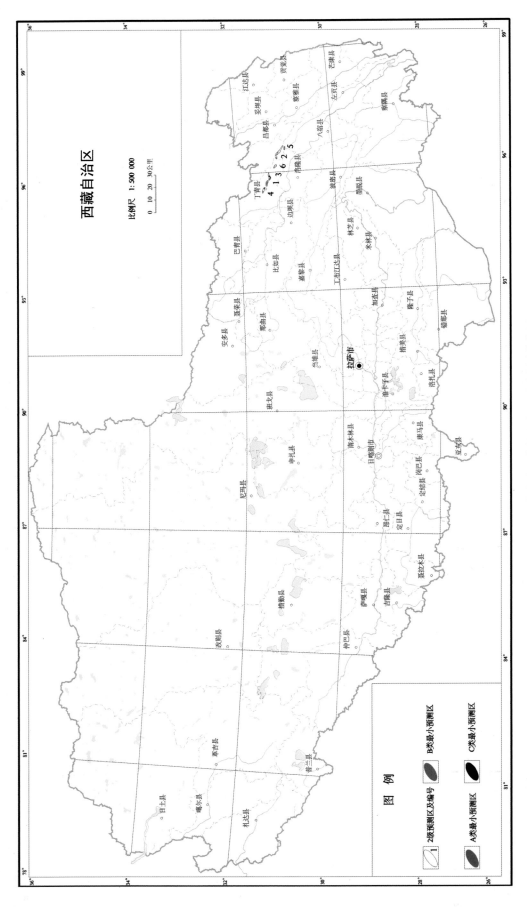

附图 10-2　西藏自治区菱镁矿"省级预测"成果分布图